琵琶湖の魚

Freshwater Fishes of Lake Biwa
びわこのさかな

今森洋輔
Yosuke Imamori

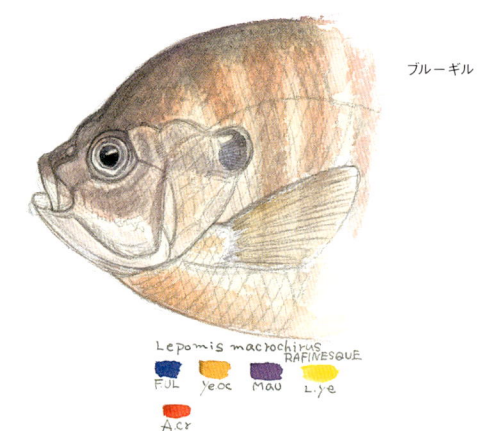

Introduction
はじめに

　琵琶湖は、世界でも有数の歴史をもつ古代湖である。古琵琶湖は、およそ400万年前、上野盆地（三重県）にできた小さな湖に端を発し、その後、位置と規模を変えながら北上をつづけた。現在の琵琶湖として成立してからは、約40万年の時を刻む。この長い年月のうちに、琵琶湖が受け入れ、保ち、育んできた生物の数は計りしれない。現在の琵琶湖水系には、魚類をはじめ、貝類や甲殻類、水生植物など、1000種をこえる生物がすんでいる。魚類では、絶滅のおそれのある種や、放流によって資源維持されている種、外国から渡来した移入種までをふくめると、70種類ほどが生息している。そして、このなかには、世界じゅうで琵琶湖だけにしかすんでいない固有種・亜種が14種類もみられる。

　琵琶湖は、日本一広い湖として知られている。表面積は673.90km²。平均深度は41mである。浅く狭い南湖と、深く広い北湖に分けられ、北湖の最深部は103.6mに達する。ただし、湖の規模が大きくても、環境条件が単純であれば、豊かな生物相を育むことはなかっただろう。魚にとっての琵琶湖の環境は、沖合と沿岸とに大きく分けられる。沖合は、さらに表層と深層とに分けられる。表層は、植物プランクトン、動物プランクトンとも豊富な水域である。深層は、表層よりも水温が低く、周年7℃前後と一定であるため、冷水を好む魚がすんでいる。沿岸は、ヨシなどの水生植物が繁茂する水生植

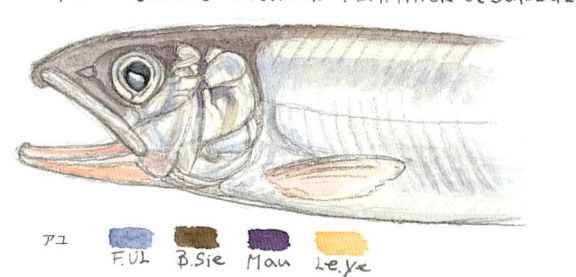

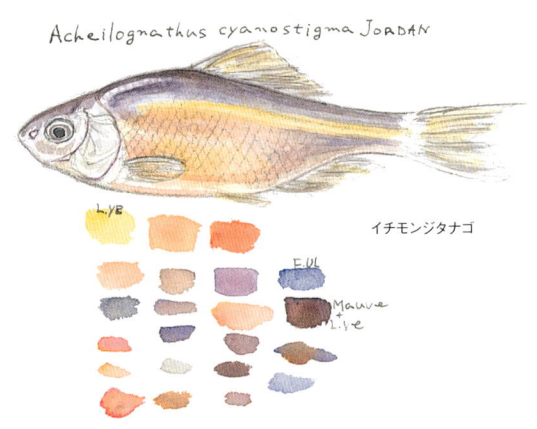

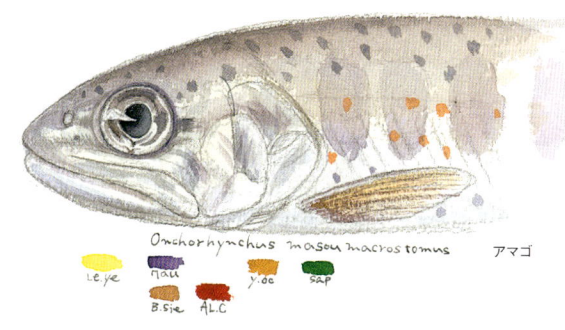

物沿岸、波が強く打ち寄せるために水生植物の少ない砂礫沿岸、山が湖岸までせまり、岩盤が湖底につづく岩礁・岩石沿岸に分けられる。琵琶湖周辺から琵琶湖に流入する河川と内湖もまた、重要な生息場所である。流入河川は、もっとも長い野洲川を筆頭に1級河川が125本、細流、用水路までふくめると500本をこえる。これらの流入河川は、河口に三角州を形成した。三角州が発達すると、内湾は砂州で閉ざされ、内湖が出現した。内湖はプランクトンの発生が多い、栄養に富んだ水域である。

　これら、さまざまな環境には、それぞれに独特な生物群集がみられる。琵琶湖には、多様な環境がそなわっているからこそ、多種の魚がすむことができるのである。

　この本では、琵琶湖の固有種はもちろん、ポピュラーな魚から絶滅の恐れのある魚まで55種類を紹介した。淡水魚は海水魚にくらべ、地味であると思っている人がいるかもしれないが、僕はそうは思わない。彼らの虹色の体色は、淡彩で仕上げた絵画のように、複数の淡い色が幾重にも重なりあっているということを見出したからである。図版のもととなった標本は、僕が自分自身で採集したものが多い。うろこの数を数え、実物を目の前にして彩色した。少しでも多くの人に、琵琶湖にどれほどの種類の魚が暮らしているのかを知っていただき、琵琶湖の自然に関心をもってもらえればと願いながら。

今森洋輔
Yosuke Imamori

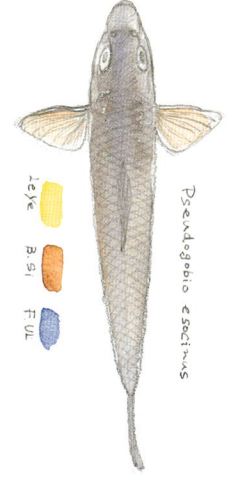
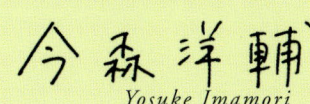

Plecoglossidae
アユ科

アユ
Plecoglossus altivelis altivelis

アユ

北海道西部から九州までの日本と朝鮮半島、中国南部沿岸、台湾に自然分布する。琵琶湖以外の水系では、川でふ化した仔魚はただちに海へくだる。冬のあいだ海で生活した後、翌年河川に遡上し、中流域で石に付着した藻類を食べて育つ。それに対し、琵琶湖では、琵琶湖を海のかわりにして生活するアユがいる。幼魚は湖内で冬を越し、春から初夏に流入河川に遡上して成長する。栄養状態がよければ全長20cm以上に育つので、オオアユの別称もある。

コアユ

琵琶湖には、一生のほとんどを湖内でおくるアユが生息している。一生を通じて動物プランクトンを食物とし、大きくならないまま成魚になることからコアユとよばれる。全長は7〜10cm。このコアユは日本各地の河川に放流されているが、河川に放流されたものは藻類を食べて大きく育つ。なお、琵琶湖のアユは、他の河川のアユにくらべ産卵期が早く、なわばり行動も激しいなどの特徴をもつとされていたが、最近はなわばり行動が弱くなったとの噂もある。

Plecoglossidae
アユ科

コアユ
Plecoglossus altivelis altivelis

アユの回遊図

アユの産卵期は秋。琵琶湖では9月にはじまり
10月におわるが、オオアユよりも
コアユのほうが産卵期が早い。また、コアユは
湖岸や流入河川の河口付近で産卵するのに対して、
オオアユは流入河川の中流と下流の
境目付近で産卵する。このように両者は
生態的には明らかな差があるが、
遺伝的な差は認められていない。

源流へ[流入河川]
Mountain Stream

秋、ビワマスは琵琶湖から流入河川に入り、上流をめざして遡上していく。
ビワマスが属するサケマスの仲間は、川で生まれた幼魚が、
海にくだって大きく育ち、産卵のために川にもどるのがふつうである。
ビワマスにとっては、琵琶湖が海の役目をしているのだが、
同じようにかなり多くのハゼ類やカジカ類が、
琵琶湖を海のかわりに使って、川とのあいだを回遊している。

産卵するビワマス。ビワマスは流入河川上・中流域の砂礫底に産卵する。雌が産卵床を堀ったのち、雌雄はよりそって放卵・放精をする。

Freshwater Fishes of Lake Biwa

Salmonidae
サケ科

ヤマトイワナ
Salvelinus leucomaenis japonicus

ビワマス*
Oncorhynchus masou subsp.

ヤマトイワナ
駿河湾（相模湾）以南、紀伊半島熊野川以北の本州太平洋側の河川と、琵琶湖の流入河川に自然分布する。夏の水温が17〜18℃以下の最源流を中心に生息。海や琵琶湖に回遊せずに一生を川ですごす。全長25〜30cm。渓流釣りの重要な対象。典型的なヤマトイワナは体側部の有色斑が橙色を帯びるが、琵琶湖の西岸に流入する河川には上図のようにクリーム色の有色斑をもつ魚も生息し、ニッコウイワナも琵琶湖水系に混棲していた可能性がある。

アマゴ
本州中部以西の太平洋側、四国、九州の瀬戸内海側の河川に自然分布。年間を通して水温が20℃以下の上流域に生息。琵琶湖水系では、流入河川の上流だけにみられる。全長20〜25cm。近縁のヤマメに似るが、体側に朱色の斑点があるので区別は容易。渓流釣りの対象として重要。上品な味の白身は塩焼きに向く。海へくだって大きく育った個体はサツキマスとよばれ、近年はルアー釣りなどの対象として価値がみなおされている。

ビワマス*
琵琶湖の固有亜種とされる。全長40〜50cm。形態的にはアマゴ・サツキマスとよく似ており、かつては海のかわりに湖にくだったサツキマスとされていた。しかし、幼魚が川をくだる時期や、成魚が川に遡上する時期がサツキマスとは明白に異なる。また、両者には遺伝的な差もあることから、現在は別亜種とされている。ただし、現在の個体群は、放流されたサクラマスとの交雑魚の子孫である可能性がある。きわめて美味。

Salmonidae
サケ科

アマゴ
Oncorhynchus masou ishikawae

ビワマスの回遊図
ビワマスの成魚は、9月から11月上旬にかけて琵琶湖から流入河川に入り、上・中流域まで遡上して産卵する。ただし、アマゴがすむ山奥までは達しないといわれる。ふ化した仔魚はそのまま河床で冬を越し、翌年の5～6月、全長8～10cmになると琵琶湖にくだる。未成魚、成魚とも沖合の水温の低い水域（水深20m付近）で生活する。4年で成魚となり、河川に遡上して産卵し一生をおえる。

＊（アステリスク）をつけた和名は、その種類が琵琶湖の固有種、固有亜種であることを示す。

Freshwater Fishes of Lake Biwa

Danioninae
ダニオ亜科

オイカワ
Zacco platypus

ハス
Opsariichthys uncirostris uncirostris

オイカワ
北陸・関東以西の本州、四国の瀬戸内海側、九州、朝鮮半島、台湾、中国南東部に自然分布。おもに河川の中流域にすむ。琵琶湖では、沿岸部や内湖、流入河川にみられる。全長15cm。雌はやや小さい。産卵期の雄は、赤色や青緑色の鮮やかな婚姻色をあらわす。産卵期は5〜8月。雌雄1対がよりそい、川の平瀬や湖岸の砂礫底に産卵する。川釣りの好対象。唐揚げ、甘露煮にして賞味する。

ハス
琵琶湖淀川水系と福井県三方湖に自然分布。琵琶湖では、湖内、内湖などにすむ。日本産のコイ科では、唯一の魚食性の魚。「へ」の字形に曲がった口は、獲物をのがさないための適応。全長30cm。雌はやや小さい。産卵期の雄は、淡い赤紫色の婚姻色をあらわす。産卵期は5月下旬〜8月中旬。流入河川に遡上し、砂礫底に産卵する。琵琶湖周辺では、塩焼き、なれずしにする。

●10ページのダニオ亜科Danioninaeから23ページのタナゴ亜科Acheilognathinaeまではコイ科Cyprinidaeにふくまれる。

Danioninae
ダニオ亜科

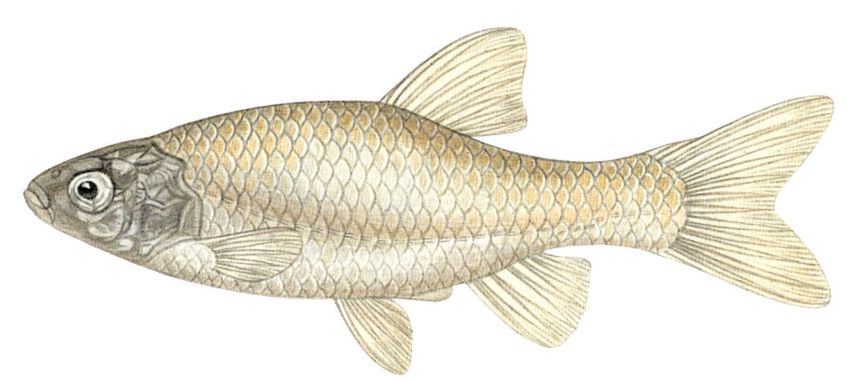

カワバタモロコ
Hemigrammocypris rasborella

カワバタモロコ
本州中部以西の太平洋側、四国の瀬戸内海側、九州北西部に自然分布。池沼、細流にすむ。琵琶湖では、かつては湖東、湖南の水生植物の生えた沿岸部や内湖にふつうにみられた。現在では激減し、一部の池沼や細流にわずかに残る。全長4〜6cm。雄はやや小さい。産卵期の雄の体側は、金色の光沢を放つ。産卵期は5月下旬〜7月下旬。産卵時には、1尾の雌を数尾の雄が激しく追尾する。卵は水生植物の葉や根に付着する。

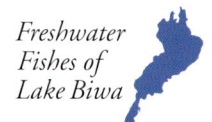

Leuciscinae
ウグイ亜科

アブラハヤ
Phoxinus lagowskii steindachneri

タカハヤ
Phoxinus oxycephalus jouyi

Cultrinae
カワヒラ亜科

ワタカ*
Ischikauia steenackeri

アブラハヤ
青森県から福井・岡山両県にかけての本州と沿海州から朝鮮半島の日本海側にかけて自然分布。河川の上流域から中流域にかけて生息。琵琶湖水系では流入河川にみられる。全長13cm。雌のほうがやや大きい。うろこが小さく、体表にぬめりがある。体側には黒い縦条がある。近縁のタカハヤよりも、尾びれのつけ根が細長い。あまり食用にされないが、唐揚げにすると美味。

タカハヤ
静岡・富山両県以西の本州と四国、九州、中国東北部、朝鮮半島南西部に自然分布。琵琶湖水系では、流入河川の上流域から中流域にかけて生息するが、アブラハヤと混棲する河川では、アブラハヤよりも上流域にすむ。全長10cm。外見はアブラハヤに似るが、尾びれのつけ根が太く、体側に多くの小斑点があることで区別できる。頭と内臓を取りのぞいて、唐揚げにする。

ワタカ*
琵琶湖淀川水系に自然分布する固有種。琵琶湖では、湖東、湖南の沿岸部や内湖にすみ、水生植物が繁茂する場所をとくに好む。稚魚はミジンコや付着藻類を食べる。成長するにつれ草食性が強くなり、満1年以上になると水生植物の若芽などを主食とする。水田に入り、植えたばかりのイネを食害するようなこともおこる。全長30cm。

Barbinae
バルブス亜科

ホンモロコ*
Gnathopogon caerulescens

タモロコ
Gnathopogon elongatus elongatus

ホンモロコ*
琵琶湖と内湖、瀬田川のみに自然分布する固有種。流入河川にはみられない。産卵は沿岸の水生植物帯で行われ、稚魚も沿岸部にすむ。その後は沖合の水深5mより深い中層を群泳する。動物プランクトンを食べる。全長14cm。タモロコに似るが、より遊泳に適した細長い体をもつ。日本のコイ科のなかで最も美味。子持ちモロコの塩焼きがうまい。

タモロコ
自然分布域は静岡・新潟両県以西の本州、四国らしいが、近年は分布域が拡大している。河川の中・下流域や細流、用水路、池沼の中層や底層にすむ。琵琶湖では、湖周辺の用水路や内湖の岸辺にすむ。雑食性で、おもに底生生物を食べる。全長10cm。体はホンモロコよりも太短い。ホンモロコの代用にされるが、味は劣る。

Sarcocheilichthyinae
ヒガイ亜科

ムギツク
Pungtungia herzi

モツゴ
Pseudorasbora parva

琵琶湖の断面とすみわけ

琵琶湖の最大深度は 103.6m。表面積は 673.90km²。琵琶湖に流入する河川は、大小 500本をこえる。深層水は1年をとおして7℃。表層水は、夏期には20℃になる。表層水と深層水との境目には水温躍層が形成され、それぞれの水は混ざりあうことがない。多くの湖では、夏期の深層水は無酸素状態となるが、琵琶湖では春先に酸素を含む雪解け水が供給されるため、無酸素状態にならない。そのため琵琶湖では、温かい水を好む魚と冷たい水を好む魚がともにすむことができる。

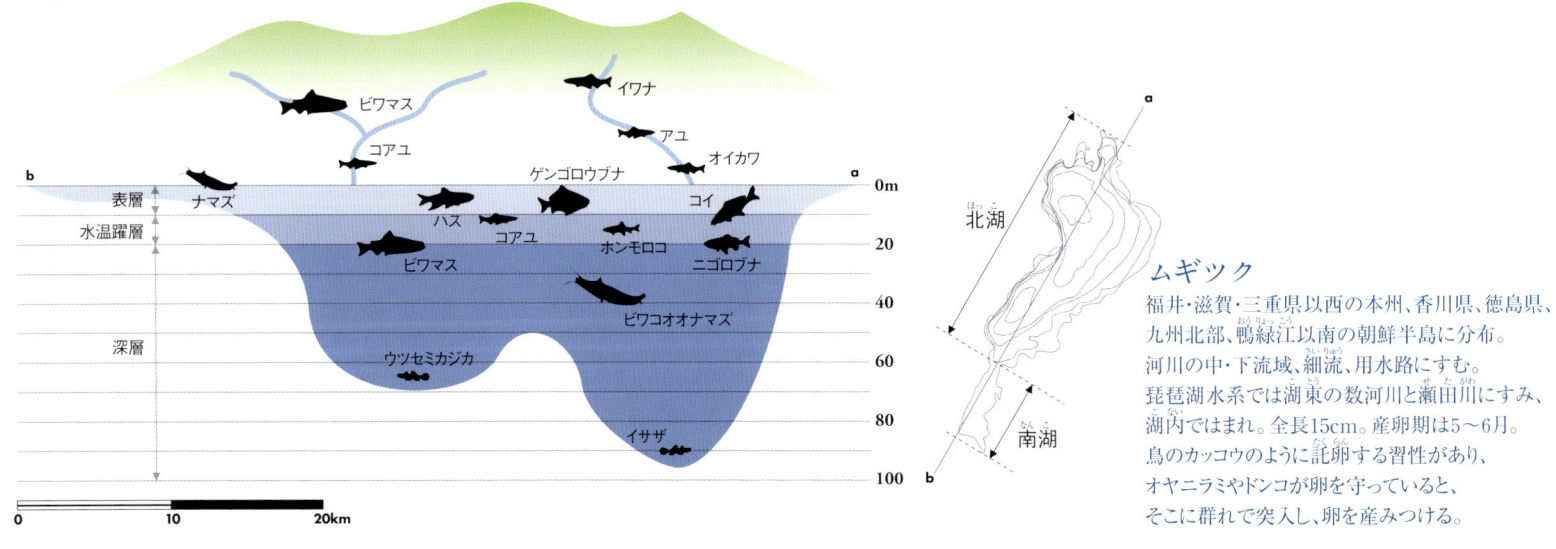

ムギツク

福井・滋賀・三重県以西の本州、香川県、徳島県、九州北部、鴨緑江以南の朝鮮半島に分布。河川の中・下流域、細流、用水路にすむ。琵琶湖水系では湖東の数河川と瀬田川にすみ、湖内ではまれ。全長15cm。産卵期は5〜6月。鳥のカッコウのように託卵する習性があり、オヤニラミやドンコが卵を守っていると、そこに群れで突入し、卵を産みつける。

Sarcocheilichthyinae
ヒガイ亜科

アブラヒガイ*
Sarcocheilichthys biwaensis

ビワヒガイ*
Sarcocheilichthys variegatus microoculus

モツゴ
自然分布域は関東以西の本州、四国、九州、朝鮮半島、中国、台湾。湖沼、河川の下流域、細流、用水路にすむ。琵琶湖では沿岸部や内湖などにみられる。全長8cm。体側に黒い縦条がある。産卵期の雄の全身は著しく黒くなり、縦条が消失する。産卵期は4～8月。雄は、石や二枚貝の貝殻の内側を清掃して、訪れる雌に次々と産卵させ、ふ化するまで卵を守る。

アブラヒガイ*
琵琶湖でビワヒガイから進化した固有種。北部の岩礁地帯にすみ、砂礫底や礫底を好む。岩礁のない南湖や内湖はもとより、湖につながる河川などにもみられない。近年著しく減少し、絶滅寸前。全長20cm。産卵期は4月下旬～6月上旬。雌は産卵管を伸ばして、イシガイやマルドブガイなどの生きた二枚貝の外套腔内に産卵する。卵は約10日でふ化し、仔魚はすぐに貝の外へ泳ぎ出る。

ビワヒガイ*
琵琶湖の固有亜種。瀬田川や琵琶湖疎水にもすむが、流入河川ではまれ。全長20cm。幼魚の体側には、黒い縦条がある。産卵期の雄は、えらぶたがピンク色、目が赤色になり、背びれの黒色帯は消失する。雌の背びれの黒色帯は、消失することはない。また、雌は産卵管を伸ばす。産卵期は4～7月。産卵習性はアブラヒガイと同じ。骨やうろこは硬いが、肉は美味。

Gobioninae
カマツカ亜科

カマツカ
Pseudogobio esocinus esocinus

ゼゼラ
Biwia zezera

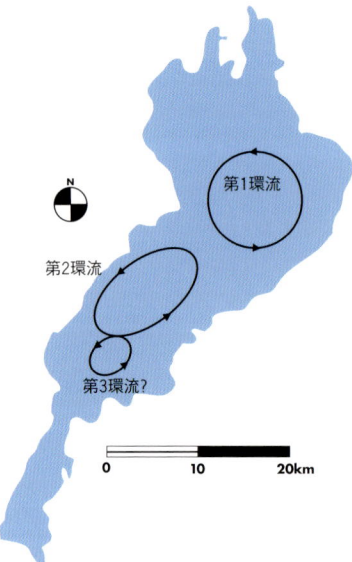

琵琶湖の環流
表面積の広い湖である琵琶湖には、
他の湖沼ではみられない現象がある。
環流とよばれる湖流もそのひとつである。
環流は表層に認められる湖流で、
平均毎秒10cmていどで流れている。
風によってひきおこされた水の流れが、
地球の自転による転向力の影響を受け、
定常的な環流となると考えられる。
ただし、環流には勢力の消長があり、また、
かならずしも3つ存在するとはかぎらない。

カマツカ
岩手・山形県以南の本州、四国、九州、壱岐、朝鮮半島、
中国北部に自然分布。河川の中・下流域、細流、
湖の沿岸部にすみ、砂底、砂礫底に多い。
琵琶湖では、沿岸部、内湖などにみられる。
口吻を伸ばして砂とともに底生生物を吸いこみ、
砂だけえらあなから出す。全長20cm。
味は淡白。塩焼きか、素焼きを酢醤油で食べる。

ゼゼラ
濃尾平野、琵琶湖淀川水系、山陽地方、九州北西部に
自然分布。河川の下流域、湖の沿岸部、池沼にすみ、
流れのない淀みの砂泥底を好む。
琵琶湖では、沿岸部や内湖などにみられる。
底生の藻類やデトリタス、動物プランクトンを食べる。
全長8cm。産卵期は4〜7月。
ヨシなどの根に産みつけられた卵を、雄が守る。

ズナガニゴイ
福井県九頭龍川と和歌山県紀ノ川を
むすぶラインを東限とする近畿地方以西の
本州に不連続に自然分布する。琵琶湖水系では
流入河川の野洲川のみに分布、湖内にはみられない。
国外では朝鮮半島、中国の遼河に分布。
河川の中・下流域の底層付近に生息する。
おもに水生昆虫を食べる。全長20cm。

Gobioninae
カマツカ亜科

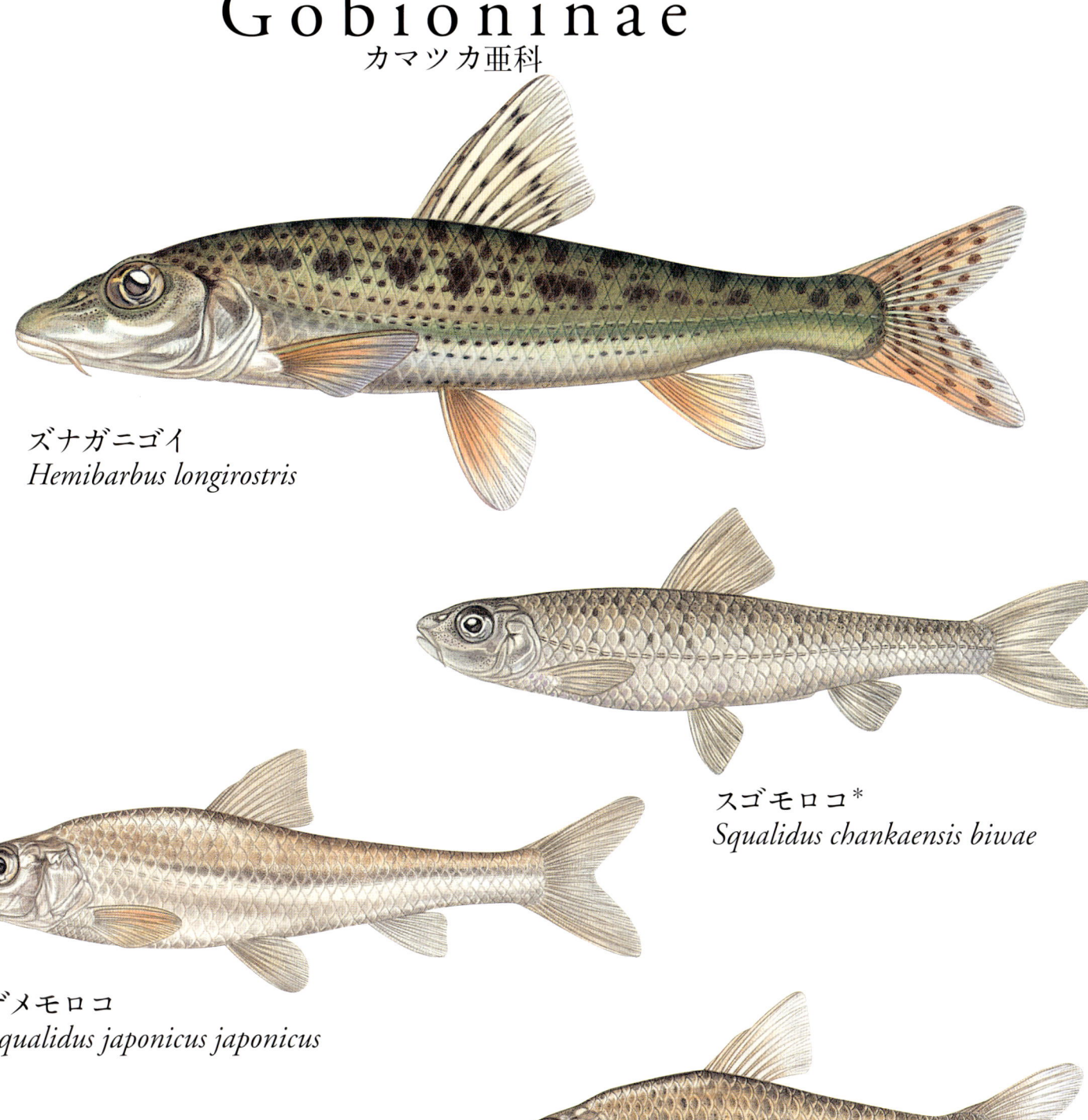

ズナガニゴイ
Hemibarbus longirostris

スゴモロコ*
Squalidus chankaensis biwae

デメモロコ
Squalidus japonicus japonicus

イトモロコ
Squalidus gracilis gracilis

スゴモロコ*
琵琶湖のみに自然分布する固有亜種。琵琶湖の止水環境に適応して進化したと考えられている。水深5〜10mの砂底や砂泥底の水域に生息し、底層付近を群泳する。冬は深所へ移動する。水生昆虫、ヨコエビなどを食べる。全長12cm。口ひげの長さは、瞳孔の径と等しいかより長い。味はよく、ホンモロコの代用にされる。

デメモロコ
琵琶湖と濃尾平野に自然分布する。琵琶湖では沿岸部や内湖の底層付近にすむ。ユスリカの幼虫、ヨコエビ、カイエビなどを食べる。全長12cm。スゴモロコに似るが、口ひげの長さが瞳孔の径の3分の2以下と短く、背部前方がややもりあがること、成魚では体側の暗色斑点が不明瞭になることなどで区別できる。

イトモロコ
濃尾平野以西の本州、四国北東部、九州北部、壱岐、五島列島福江島に自然分布。河川の中・下流域、細流、用水路にすみ、砂底や砂礫底に多い。底層付近を群泳する。琵琶湖水系では、野洲川、愛知川、日野川などにすむ。雑食性。全長8cm。口ひげは長く、その長さは瞳孔の径をこえる。縦列鱗数は33〜36と少なく、側線鱗は上下に長い。

ギンブナを飲みこむアオサギ。ゲンゴロウブナやニゴロブナ、ホンモロコなど、
沖合にすむ魚は、ふつう産卵がすむと湖の沿岸部や内湖から姿を消すことが多い。
しかし、ギンブナやタモロコは、1年じゅうヨシの繁茂する沿岸部や内湖にすむ。
アオサギは、それらの魚をねらって水辺に飛来する。

湖をはなれて［内湖］
Marshes Surrounding Lake Biwa

内湖は、流入河川の三角州に形成され、
琵琶湖とは、細流や伏流水などでつながっている。
琵琶湖周辺、とくに東部の平野に大小の内湖が存在していたが、その多くは埋め立てによって消失した。
現在、大きなものでは西ノ湖が残るのみである。
ヨシなどの水生植物が繁茂する内湖は、ゲンゴロウブナやニゴロブナ、ホンモロコなどの産卵場所である。
富栄養化しやすい内湖は、プランクトンの発生も良好で仔稚魚の生育場所としても適していた。近年はむしろ富栄養化の行きすぎが問題になっているが、汚濁物質の多くは内湖のヨシ帯などを通り抜けるあいだに浄化される。内湖は、琵琶湖の水質悪化を軽減することに役立っているのだ。

Freshwater Fishes of Lake Biwa

Cyprininae
コイ亜科

コイ
Cyprinus carpio

ニゴロブナ*
Carassius buergeri grandoculis

コイ
日本各地に分布。古くから移殖が盛んなため、自然分布域は不明。国外ではユーラシア大陸に広く分布。河川の中・下流域、湖の沿岸部、池沼にすみ、砂泥底を好む。琵琶湖では、沿岸部、内湖などにみられる。全長60cm。まれに1mをこえる。体高が低く、体色が赤みがかる野生型と、体高の高い飼育型に分けられる。重要な食用魚。

ニゴロブナ*
琵琶湖のみに自然分布する固有亜種。北湖の中・底層に多い。冬は沖合の深所に移動する。近年、著しく減少している。半底生の動物プランクトンがおもな食物。底生動物や底生藻類なども食べる。全長35cm。頭部と目が大きく、下顎が角ばるのが特徴。産卵期は4〜6月。沿岸部の水生植物に産卵する。ふなずしの材料として有名。

Cyprininae
コイ亜科

ゲンゴロウブナ*
Carassius cuvieri

ギンブナ
Carassius sp.

ゲンゴロウブナ*
琵琶湖のみに自然分布する固有種。北湖の沖合の表層を群泳する。泳ぎながら、えらの内側にある鰓耙で植物プランクトンをこしとって食べる。全長40cm。日本産のフナ属のなかで最も体高が高い。鰓耙の数も92〜128本と最も多い。産卵期は4〜6月。水生植物に産卵する。刺し身を洗いにし、卵をまぶした子づくりは実に美味。

ギンブナ
日本、朝鮮半島、中国のほぼ全域に自然分布。河川の下流域、湖沼に生息。琵琶湖では沿岸域に多く、ヨシ帯を好む。雑食性で、底生動物や底生藻類を食べる。全長30cm。多くは3倍体で、染色体数は 2n=約150。関東地方と西南日本では、雄がまったくいない。雄がいなくても繁殖できるのは、卵が他の種の精子の刺激を受けて単為発生するため。

Acheilognathinae
タナゴ亜科

ヤリタナゴ
Tanakia lanceolata

アブラボテ
Tanakia limbata

タイリクバラタナゴの産卵
産卵期は3〜9月。産卵期をむかえると、
雄は色あざやかな婚姻色をあらわし、吻端に追い星を生じる。
雄は二枚貝を中心としたなわばりをつくり、
雌を自分のなわばりにいざなう。体内に卵をもち、
産卵管が伸びた雌なら、雄のあとについて貝に近づく。
産卵に先立ち、雌は雄とともに貝の出水管の開きぐあいを確かめる。
出水管が開いていれば、雌は下腹部を貝に押しつけ、
産卵管を出水管に挿入する。1回の産卵で、
数粒の卵が二枚貝の外套腔内に産みこまれる。
その後、雌といれかわって雄が下腹部を貝に近づけ、放精する。
卵は貝の体内で受精する。卵は約30時間でふ化。
ふ化後20日ほどで仔魚が貝から泳ぎだす。

ヤリタナゴ
北海道と九州南部を除く日本と朝鮮半島に広く
自然分布。細流や用水路、池沼、湖の沿岸部に生息。
琵琶湖では沿岸部、内湖、湖周辺の細流にすむが、
近年著しく減少した。全長10cm。産卵期は5〜8月。
マツカサガイかニセマツカサガイを選んで産卵。
他の二枚貝では産卵しない。

アブラボテ
濃尾平野以西の本州、淡路島、四国の瀬戸内海側、
九州中・北部、五島列島福江島、朝鮮半島に自然分布。
琵琶湖では、湖周辺の湧水を水源とする細流に生息。
湖内では少ない。近年、滋賀県下では激減している。
全長4〜7cm。産卵期は4〜7月。琵琶湖周辺では
ドブガイ、他の水域ではマツカサガイに産卵。

タイリクバラタナゴ
アジア大陸東部、台湾が原産地。1940年代、ハクレンに
混入して日本に渡来、その後各地に分布を広げた。
琵琶湖には1962年頃侵入したが、近年では激減した。
全長6〜8cm。日本の固有亜種であるニッポンバラタナゴは、
タイリクバラタナゴと交雑が進み、純系のものは
ほとんど姿を消した。琵琶湖もその例外ではない。

Acheilognathinae
タナゴ亜科

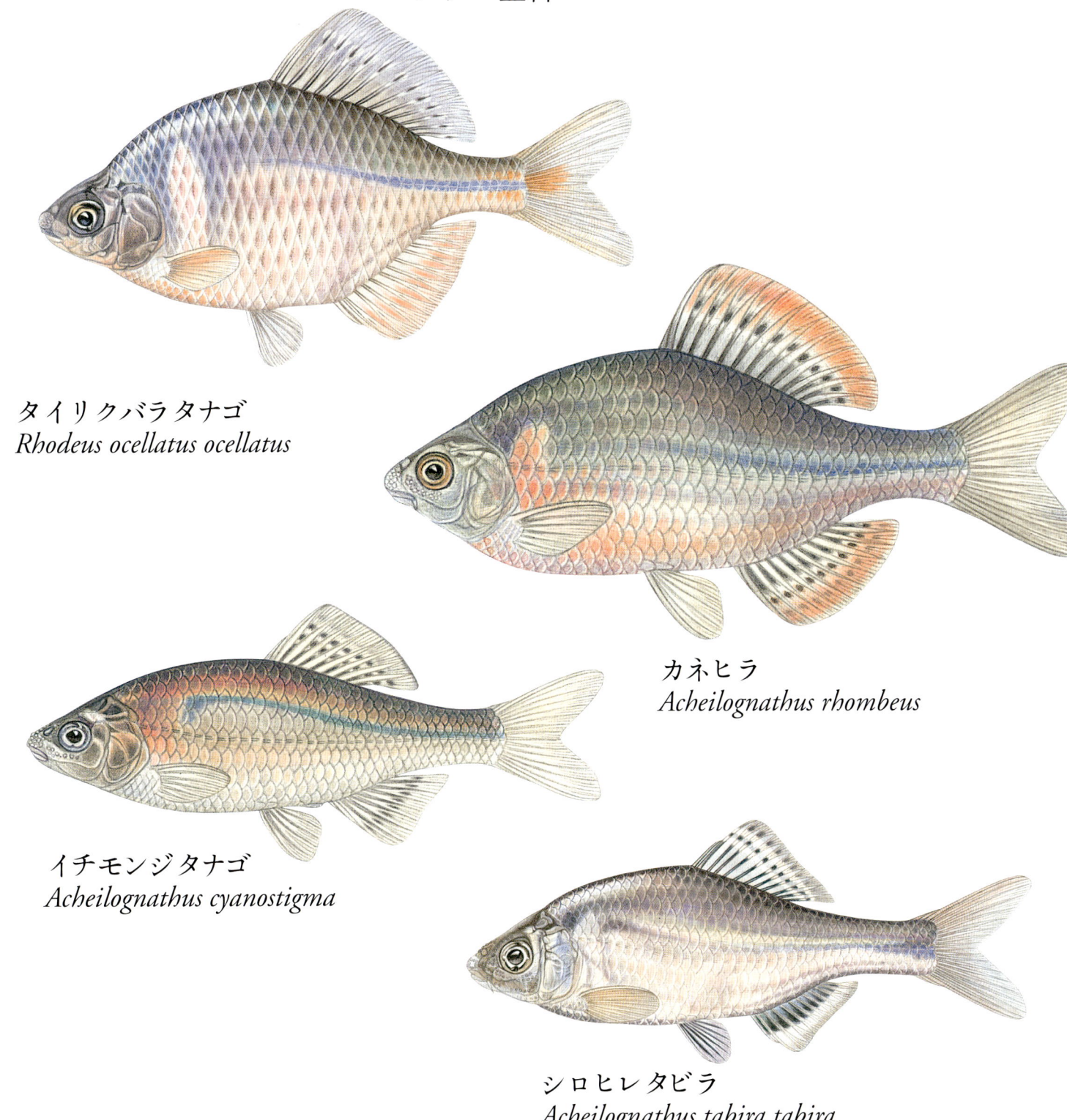

タイリクバラタナゴ
Rhodeus ocellatus ocellatus

カネヒラ
Acheilognathus rhombeus

イチモンジタナゴ
Acheilognathus cyanostigma

シロヒレタビラ
Acheilognathus tabira tabira

カネヒラ
琵琶湖淀川水系以西の本州、九州北西部、朝鮮半島に自然分布。湖の沿岸部や池沼、細流、用水路にすむ。琵琶湖では沿岸部や内湖にすむが、近年は激減。全長12〜13cm。日本のタナゴ亜科のなかで最も大きい。琵琶湖では、9月中旬〜11月下旬に、タテボシガイやセタイシジミに産卵。

イチモンジタナゴ
濃尾平野、福井県三方湖、由良川、琵琶湖淀川水系、大和川、紀ノ川に自然分布。琵琶湖では、湖東の内湖や湖南の水生植物が生えた沿岸部にすむが、近年は激減。全長8cm。ピンク色の婚姻色があらわれた雄は非常に美しい。琵琶湖では、4〜8月にカラスガイなどに産卵。

シロヒレタビラ
濃尾平野と、琵琶湖淀川水系から高梁川にかけての瀬戸内海側に自然分布。湖の沿岸部や池沼、細流、用水路に生息。琵琶湖では、沿岸部のほか、水深50mの深所にもすむ。近年は激減。全長6〜8cm。琵琶湖では、5〜6月を盛期として4〜9月にタテボシガイ、セタイシジミ、ドブガイなどに産卵。

Cobitididae
ドジョウ科

アユモドキ
Leptobotia curta

ドジョウ
Misgurnus anguillicaudatus

スジシマドジョウ 大型種*
Cobitis sp. L

スジシマドジョウ 小型種琵琶湖型*
Cobitis sp. S

アユモドキ
琵琶湖淀川水系、岡山県吉井川・旭川・高梁川水系のみに自然分布。河川の岩場や砂礫底、用水路の石垣のあいだにすむ。減少著しく、琵琶湖では1970年代に絶滅したと思われる。1977年、国の天然記念物に指定された。全長15〜30cm。産卵期は6〜8月。用水路から水田に移動して産卵。仔稚魚は水田で成長する。

ドジョウ
日本各地に分布するが、北海道と琉球列島は移殖の可能性が高い。国外では朝鮮半島、中国大陸中部、台湾に自然分布。水田や用水路に多くみられ、泥底部にすむ。琵琶湖の湖内ではまれ。全長10〜18cm。雄よりも雌のほうが大きい。産卵期は6〜7月。用水路から水田に移動して産卵。産卵時、雄は雌の腹部に巻きついて放精する。

スジシマドジョウ 大型種*、小型種琵琶湖型*
大型種は琵琶湖水系のみに自然分布する固有種。沿岸部と野洲川、天野川などの流入河川の砂底にすむ。全長8〜10cm。雌のほうが大きい。4倍体で、染色体数は2n=98。スジシマドジョウ小型種とシマドジョウの交雑で生じたとされる。小型種琵琶湖型は固有亜種で、沿岸部と琵琶湖周辺の細流、用水路の砂泥底にすむ。全長6〜8cm。雌のほうが大きい。2倍体で染色体数は2n=50。

Cobitididae
ドジョウ科

シマドジョウ
Cobitis biwae

アジメドジョウ
Niwaella delicata

ホトケドジョウ
Lefua echigonia

シマドジョウ
山口県西部を除く本州と四国に自然分布。河川の中流域から下流域上部にかけての砂底、砂礫底にすむ。全長6～15cm。2n=48の2倍体と2n=96の4倍体がおり、分布が異なる。4倍体は本州・四国の瀬戸内海流入河川、若狭湾流入河川、江川、高津川などに分布する。琵琶湖水系には2倍体が生息し、流入河川にみられる。湖内ではまれ。ちなみに鴨川、淀川などの淀川水系には4倍体が生息。

アジメドジョウ
富山、長野、岐阜、福井、滋賀、京都、三重、大阪など、中部・近畿地方の府県に自然分布。河川の上・中流域に生息し、礫、または大きな転石のある瀬を好む。琵琶湖水系では、野洲川に分布。全長8～10cm。雌のほうが大きい。秋に伏流水中に潜入して越冬、翌年の春には、そのまま伏流水中で産卵する。飴だきや蒲焼き、吸い物にして賞味される。

ホトケドジョウ
青森県と中国地方西部を除く本州と四国東部に自然分布。水の冷たい流れのゆるやかな細流にすみ、砂礫底や砂泥底の石の下、水生植物のあいだなどに多い。琵琶湖水系では、湧水を水源にもつ細流にみられる。全長5～6cm。雌のほうが大きい。産卵期は3月下旬～6月上旬。1尾の雌を数尾の雄が追尾し、水生植物などに産卵。

連なる岩の深みに [岩礁・岩石沿岸]
Rocky Shore

琵琶湖の北部は、山が湖岸までせまり、岩礁地帯が広がっている。
湖底は岩石、あるいは砂礫からなる。水生植物は少ない。
台風の季節ともなると、まるで磯のように
波が激しく岩にぶつかり、白いしぶきを吹き上げる。
このような環境に、イワトコナマズをはじめとする琵琶湖固有の生物が生息する。
イワトコナマズ、アブラヒガイ、ビワヒガイは、岩礁地帯に適応して
進化した魚であり、他所では見ることができない。
6月から7月ごろの大雨のあとには、ビワコオオナマズや
イワトコナマズが湖岸に押し寄せ、真夜中に産卵をはじめる。

ビワコオオナマズの産卵行動。産卵は夜の10時頃からはじまり、夜明けまで続けられる。ナマズの仲間は、雄が雌に体を数十秒間巻きつけて産卵を促す。雌雄が離れるとき、放卵、放精が行われる。

Freshwater Fishes of Lake Biwa

Siluridae
ナマズ科

ビワコオオナマズ*
Silurus biwaensis

ビワコオオナマズ*
琵琶湖淀川水系に自然分布する固有種。琵琶湖では、沿岸部から沖合まで食物を求めて広く回遊する。魚食性で、コアユ、ゲンゴロウブナ、ビワマスなどを食べる。全長60～120cm。日本で最大のナマズ。雄よりも雌のほうが極端に大きい。産卵は6月下旬～7月の増水時に行われる。食味はよくなく、商品価値はない。

ナマズ
日本各地に分布するが、関東地方へは江戸時代中期、北海道へは大正時代末期に移入されたといわれる。国外では朝鮮半島西部、中国大陸東部、台湾に自然分布。河川の中・下流域、湖沼にすむ。琵琶湖では、沿岸部や内湖などにみられる。全長30～60cm。雌のほうが大きい。琵琶湖周辺では、産卵期は5月末～6月上旬。水田や内湾に移動して産卵。

イワトコナマズ*
琵琶湖と余呉湖のみに自然分布する固有種。琵琶湖では、北部の岩礁域に生息。冬は深所の泥底域に移動する。エビやイサザ、コアユなどを食べる。全長30～60cm。雌のほうが大きい。産卵期は6月中旬～下旬。浅所の礫底域に移動して産卵する。生臭さが少なく、日本のナマズ属のなかでは最もおいしい。照り焼きや鍋にされる。

Bagridae
ギギ科

ギギ
Pseudobagrus nudiceps

ナマズ
Silurus asotus

アカザ
Liobagrus reini

イワトコナマズ *
Silurus lithophilus

ギギ
近畿地方以西の本州、四国の吉野川、仁淀川、九州北東部に自然分布。河川の中流域、湖沼にすむ。琵琶湖では、沿岸部の岩礁域やヨシ帯など、隠れ場所のあるところに多い。全長20〜30cm。琵琶湖での産卵期は5月下旬〜8月上旬。石の下やすき間に産卵する。人間につかまると、ギーギーと音を出す。背・胸びれの棘は触れると刺さる。蒲焼きにすれば美味。

アカザ
秋田・宮城県以南の本州、四国、九州に分布。河川の上流域下部から中流域にすみ、瀬の石の下に潜む。琵琶湖水系では、流入河川にみられる。おもに水生昆虫を食べる。全長7〜10cm。産卵期は5〜6月。石の下面に産卵。卵は、多数個がジェリー質におおわれて卵塊となる。背・胸びれの棘に触れると刺さり、とても痛む。

湖の森 [水生植物沿岸]
Reeded Shallows

浅くてなだらかな沿岸には、水深に応じてさまざまな種類の水生植物が生育している。その群落は、層状構造をなしていることが多い。水ぎわ付近の浅い部分には、ヨシやマコモのような抽水植物が茎を水上に伸ばしている。それより沖のやや深いところには、ヒシやガガブタ、アサザなどの浮葉植物が水面に葉を浮かべ、さらにその外側のより深いところには、ネジレモ、クロモ、センニンモなどの沈水植物が水中に生える。このような多種の水生植物が繁茂する沿岸は、環境条件が変化に富み、生産性も高い。したがって、水生植物群落はいろいろな魚の産卵場所となり、仔稚魚の生育場所となっている。

フナの仔魚をねらうブルーギル。近年の琵琶湖では、外国から帰化した魚が幅をきかせている。ことに、最近は在来魚の卵や仔稚魚を食害するブルーギルが、琵琶湖じゅうに大繁殖して問題となっている。

Freshwater Fishes of Lake Biwa

Channidae
タイワンドジョウ科

カムルチー
Channa argus

カムルチー
アムール川から長江付近までのアジア大陸東部が原産地。
1923〜1924年、朝鮮半島から奈良県に移殖された。
1933年には、奈良県から湖東のため池に
移殖されている。その後、日本各地の河川や湖沼に放流
され大繁殖したが、現在では減少に転じている。捕食性で、
魚やエビ、カエルなどを食べる。全長30〜80cm。

Centrarchidae
サンフィッシュ科

オオクチバス
Micropterus salmoides

ブルーギル
Lepomis macrochirus

オオクチバス
一般にブラックバスとよばれる。北アメリカ南東部が原産地。
1925年、オレゴン州から神奈川県芦ノ湖に移入された。
芦ノ湖からの持ち出しは禁じられていたが、1950年代後半から、
各地に放流されはじめた。琵琶湖では1974年に発見。
その後、さらに大規模な放流が行われ続け、
各地で在来魚に大きな影響を与えている。全長30〜50cm。

ブルーギル
北アメリカ中東部が原産地。1960年、日本へ渡来。
伊豆半島の一碧湖に試験的に放流された後、各地に
放流された。琵琶湖水系では、1965年に西ノ湖で発見。
最近の琵琶湖では、オオクチバスに食害されて激減した
在来魚の跡をうめるように、爆発的に繁殖している。
捕食性で、エビや仔稚魚などを食べる。全長25cm。

Gobiidae
ハゼ科

トウヨシノボリ
Rhinogobius sp. OR

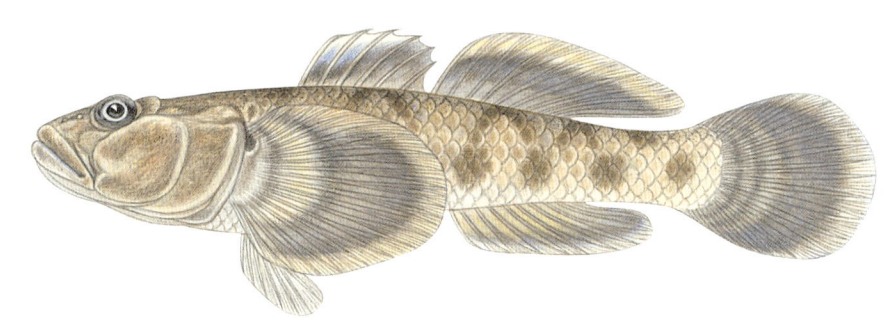

ビワヨシノボリ*(仮称)

カワヨシノボリ
Rhinogobius flumineus

トウヨシノボリ
北海道東部と琉球列島を除く各地に自然分布。湖沼とその流入河川、海に流入する勾配のゆるやかな河川にすみ、礫底域から泥底域までみられる。琵琶湖では、沿岸部と流入河川に生息。全長3〜8cm。産卵期は4〜9月。石の下面に産卵。湖沼陸封的な生活をするものや、湖沼へ流入する河川に遡上し、両側回遊的な生活をするものがいる。

ビワヨシノボリ*(仮称)
琵琶湖のみに自然分布する固有種。湖内の沖合に生息し、流入河川に遡上することはない。雑食性で、藻類、底生動物を食べる。雄の全長は4.5cm。雌の全長は3.5cm。雌は2.5cmで成魚となる。他のヨシノボリ属にくらべて全体的に小さく、雄の第1背びれの先端が伸長しないのが特徴。産卵期は夏。6月頃から沿岸部に移動して産卵。

カワヨシノボリ
富山・静岡県以南の本州、四国、九州北部、五島列島福江島、壱岐、対馬に自然分布する。河川の上・中流域にすみ、流れのゆるやかなところを好む。琵琶湖水系では、野洲川の上流域に生息。全長4〜7cm。ヨシノボリ属のほとんどは河川と海を回遊する両側回遊を行うが、本種は河川陸封型で一生を淡水域でおくる。

Gobiidae
ハゼ科

イサザ*
Gymnogobius isaza

ウキゴリ
Gymnogobius urotaenia

イサザ*
琵琶湖のみに自然分布する固有種。北湖にすみ、とくに北部に多い。昼間は水深30m以深の湖底付近に群れているが、夜は表層下部まで浮上し、動物プランクトンを食べる。全長5〜8cm。産卵期は4〜5月。沿岸部の礫底域に移動して産卵。卵は石の下面に産みつけられ、雄が守る。いさざ網で漁獲。佃煮、すき焼きにして賞味される。

ウキゴリ
エトロフ島、北海道、本州、九州、サハリン、朝鮮半島に自然分布。河川の中・下流域、汽水域にすみ、海または湖とのあいだで両側回遊性の生活をおくるものと、湖の沿岸部、池沼にすみ、一生を淡水域でおくるものがいる。琵琶湖では、沿岸部の浅所に生息。全長10〜13cm。琵琶湖での産卵期は1〜5月。石の下面に産みつけられた卵を、雄が守る。

Cottidae
カジカ科

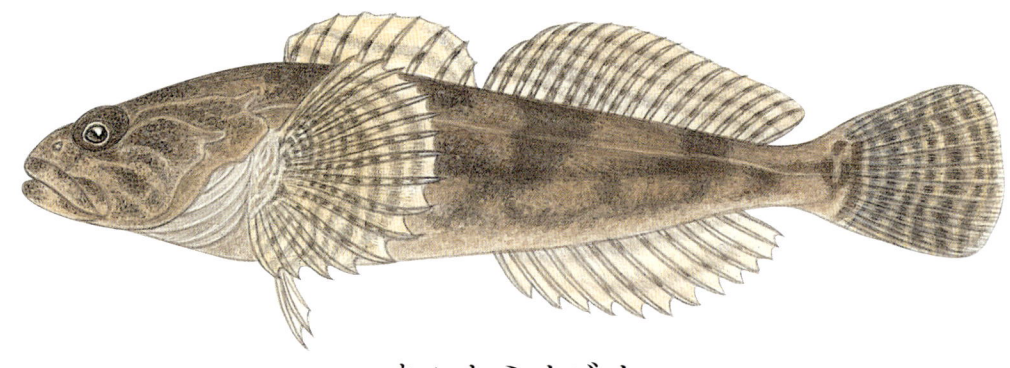

ウツセミカジカ
Cottus reinii

Gasterosteidae
トゲウオ科

ハリヨ
Gasterosteus microcephalus

ウツセミカジカ
かつては琵琶湖水系の固有種とされていたが、最近は本州・四国の太平洋側に分布するカジカ小卵型と同一種とされている。琵琶湖では、北湖沿岸部の砂礫底域や流入河川の礫底域に多い。全長7〜13cm。産卵期は2月下旬〜5月上旬。流入河川の浅瀬の石の下面に産卵。卵は雄が守る。仔魚は湖にくだって浮遊生活、全長約14mmで底生生活に移る。

ハリヨ
滋賀県東部、岐阜県南西部に自然分布。三重県北部にも生息していたが、1950年代に絶滅した。琵琶湖水系では、湖東の水温が15℃前後の湧水池や湧水池を水源とする細流にすむ。全長5〜8cm。産卵期は4〜6月。雄が水生植物の破片などで径4〜6cmの巣をつくると、雌はそのなかに産卵。卵は雄が守る。イトヨと同一種とする考えもある。

Anguillidae
ウナギ科

ウナギ
Anguilla japonica

ウナギ
日本各地とアジア大陸極東部、海南島、台湾、ルソン島北部に自然分布。河川や湖沼に生息する。全長60〜100cm。4〜12月に、マリアナ諸島西方の海山で産卵すると推定されている。日本では、10〜6月にシラスウナギが接岸し、河川を遡上する。琵琶湖では、ダムなどの影響で海から遡上できなくなったので、毎年種苗を放流している。

世界じゅうで琵琶湖にしかいない魚たち

ホンモロコ
Gnathopogon caerulescens

ワタカ
Ischikauia steenackeri

ビワマス
Oncorhynchus masou subsp.

ビワヒガイ
Sarcocheilichthys variegatus microoculus

ビワコオオナマズ
Silurus biwaensis

アブラヒガイ
Sarcocheilichthys biwaensis

スゴモロコ
Squalidus chankaensis biwae

　日本で最大、最古の湖である琵琶湖には、琵琶湖だけにしかすまない固有種・亜種が少なくない。ビワマス、ワタカ、ホンモロコ、アブラヒガイ、ビワヒガイ、スゴモロコ、ニゴロブナ、ゲンゴロウブナ、スジシマドジョウ大型種・小型種琵琶湖型、ビワコオオナマズ、イワトコナマズ、ビワヨシノボリ、イサザと、14種類にもおよぶ。これら固有種・亜種の進化は、琵琶湖の歴史、さらに琵琶湖に特有な環境と密接なかかわりがある。

　淡水魚が新たな地域に分布を広げるときは、水系のつながりを必要とする。地形や気候の変動にともなう水系の変化につれて、淡水魚は移動し、分布を広げていく。したがって、淡水魚の分布の歴史や進化を知るには、地史の研究、そして化石と現生魚類の形態・生態の研究が不可欠である。近年、琵琶湖周辺の地史や魚類の化石の調査が急速に進み、琵琶湖にすむ固有種の進化の過程がしだいに明らかになってきた。

　コイ亜科、カワヒラ亜科、カマツカ亜科、タナゴ亜科などのコイ科は、日本列島の概形ができあがった頃には、すでに生息していたことがわかっている。約400万年前に存在した古琵琶湖には、これらのコイ科のほか、ビワコオオナマズに似たナマズ科の魚が生息していたことも化石から判明している。約100万年前から40万年前頃までには、ゲンゴロウブナやワタカに似たコイ科の魚が出現していた。

　進化は、偶発的な突然変異からはじまる。突然変異によって得られた形質が、環境により適応したものであれば、その個体はより多くの子孫を残すことができ、やがて長い年月をへて新しい種となる。現在の規模の琵琶湖が形成されたのは、約40万年前である。新たに誕生した琵琶湖の深く広大な水域は、新しい種を生みだすのに十分な条件をそなえた環境であった。これ以降に、現在みられる琵琶湖固有の魚の多くが誕生したと考えられている。

　湖底の沈降によって深くなった琵琶湖には、冷水域が生まれ、アマゴからビワマスが、ウキゴリからイサザが分化することとなった。岩礁域が形成されることによって、アブラヒガイ、ビワヒガイ、イワトコナマズの生活場所が展開した。沖合の広大な水域には、植物プランクトンを食物とするゲンゴロウブナが出現した。また、動物プランクトンを食物とするものも出現した。タモロコからホンモロコ、コウライモロコからスゴモロコ、キンブナ系のフナからニゴロブナが分化してきたのである。98本の染色体をもつスジシマドジョウ大型種は、染色体数が50本のスジシマドジョウ小型種琵琶湖型と48本のシマドジョウ2倍体との交雑によって出現したと考えられている。

　以上のように、琵琶湖の自然環境は、貴重な固有種・亜種を生みだしてきた。最近の琵琶湖は、これらの魚がすみずらい場所となってきたが、僕たちの世代で絶滅させることなどないよう見守りたいものだ。

39

琵琶湖の自然

近年、湖水の富栄養化、深層水の低酸素化、ヨシ帯の縮小など、琵琶湖の自然環境の劣化が進んでいる。このような変化は、琵琶湖を利用している人間にも、大きな影響をあたえることは言をまたないだろう。これまで「琵琶湖の富栄養化の防止に関する条例」、「ヨシ群落の保全に関する条例」などが定められてきたが、今後は、琵琶湖を総合的に管理保全するためのさらなるシステムづくりが求められるのではないだろうか。世界有数の歴史をもつ琵琶湖の自然と文化を次代に継承するために。

表面積＝673.90km²（日本第2位の霞ヶ浦の表面積＝167.7km²）
最大深度＝103.6m（日本第1位の田沢湖の最大深度＝423.4m）
総水量＝275億トン（日本第2位の霞ヶ浦の総水量＝6.3億トン）
湖岸線の長さ＝235km　最大長＝63.49km
最大幅＝22.8km　最小幅＝1.4km
湖水面の標高＝85m　集水域の面積＝3174km²

Index
さくいん

ア
アカザ	29
アジメドジョウ	25
アブラハヤ	12
アブラヒガイ	15
アブラボテ	22
アマゴ	09
アユ	04
アユモドキ	24
イサザ	35
イチモンジタナゴ	23
イトモロコ	17
イワトコナマズ	28
ウキゴリ	35
ウツセミカジカ	36
ウナギ	37
オイカワ	10
オオクチバス	33

カ
カネヒラ	23
カマツカ	16
カムルチー	32
カワバタモロコ	11
カワヨシノボリ	34
ギギ	29
ギンブナ	21
ゲンゴロウブナ	21
コアユ	05
コイ	20

サ
シマドジョウ	25
シロヒレタビラ	23
スゴモロコ	17
スジシマドジョウ大型種	24
スジシマドジョウ小型種琵琶湖型	24
ズナガニゴイ	17
ゼゼラ	16

タ
タイリクバラタナゴ	23
タカハヤ	12
タモロコ	13
デメモロコ	17
トウヨシノボリ	34
ドジョウ	24

ナ
ナマズ	28
ニゴロブナ	20

ハ
ハス	10
ハリヨ	36
ビワコオオナマズ	26〜27,28
ビワヒガイ	15
ビワマス	06〜07,08
ビワヨシノボリ(仮称)	34
ブルーギル	30〜31,33
ホトケドジョウ	25
ホンモロコ	13

マ
ムギツク	14
モツゴ	14

ヤ
ヤマトイワナ	08
ヤリタナゴ	22

ワ
ワタカ	12

著者紹介
今森洋輔 (いまもりようすけ)

1962年、滋賀県大津市に生まれる。
画家、イラストレーター。
幼少より、琵琶湖とその周辺に広がる
里山で遊び育つ。
1987年よりフリーランスとして独立。
細密画のジャンルで定評を得る。
最近はネイチャー・イラストレーションに専念。
博物画の西洋的伝統と
日本的な画法を巧みに融合させ、新しい
境地を開いたとして高く評価されている。
琵琶湖のすべての魚を描くために、
1995年より北湖湖畔のマキノにすむ。
現在、アトリエを建てて意欲的に活動。

取材協力 (敬称略)
秋山廣光　遠藤真樹　川那部浩哉
楠岡　泰　桑原雅之　駒沢新兵衛
小村和一　高橋さち子　中井克樹
前畑政善　丸山　隆　森　文俊
NHK大津放送局　滋賀県立琵琶湖博物館
タニムメ水産　知内浜漁業組合
パラディゾ

装幀・本文レイアウト
島田　隆

NDC487　P.40　29cm×25cm

琵琶湖の魚
著者／今森洋輔
発行者／今村正樹
2001年11月1刷　2018年7月3刷
発行所／偕成社　〒162-8450　東京都新宿区市谷砂土原町3-5
電話●編集部 03-3260-3229(代)　●販売部他 03-3260-3221(代)
http://www.kaiseisha.co.jp
印刷／小宮山印刷　製本／難波製本

©Yosuke IMAMORI, 2001
Published by KAISEI-SHA, Ichigaya Tokyo, printed in Japan
ISBN4-03-971130-0

本のご注文は電話・ファックスまたはEメールでお受けしています。
Tel:03-3260-3221(代)　Fax:03-3260-3222　e-mail:sales@kaiseisha.co.jp